OBSERVATIONS

SUR LES MOYENS

DE REVERDIR LES MONTAGNES

ET

DE PRÉVENIR LES INONDATIONS,

PAR M. LAMBOT-MIRAVAL,

Membre de la Société impériale Zoologique d'Acclimatation,

membre correspondant

des Sociétés d'Agriculture et des Sciences du Var.

TOULON.

IMPRIMERIE D'EUGÈNE AUREL, RUE DE L'ARSENAL, 13.

1856.

OBSERVATIONS

SUR LES MOYENS

DE REVERDIR LES MONTAGNES

ET

DE PRÉVENIR LES INONDATIONS.

OBSERVATIONS

SUR LES MOYENS

DE REMÉDIER AUX EFFETS DÉSASTREUX

du Déboisement, du Dégazonnement et des inondations,

ET D'OBTENIR DE L'EAU JAILLISSANTE.

SYSTÈME

des

FOSSÉS HORIZONTAUX

Employé avec succès dans le département du Var.

PAR M. LAMBOT-MIRAVAL,

Membre de la Société impériale zoologique d'acclimatation,
membre correspondant des Sociétés d'agriculture
et des Sciences du Var.

TOULON.

IMPRIMERIE D'EUGÈNE AUREL, RUE DE L'ARSENAL, 13.

1856.

A Monsieur **MERCIER-LACOMBE,**

Officier de la Légion-d'Honneur, Commandeur de l'ordre de St-Grégoire-le-Grand, Préfet du Var.

Monsieur le Préfet,

Les intérêts de l'agriculture vous sont chers. Dès votre arrivée dans ce département, votre sollicitude éclairée s'est vivement émue de la dénudation de nos montagnes et de l'insuffisance des moyens d'irrigation. Aussi n'avez-vous laissé échapper aucune occasion d'appeler l'attention du Conseil général et celle du gouvernement sur cette triste situation, et d'encourager, par tous les moyens dont vous disposez, les efforts qui ont été tentés pour y remédier.

J'ai donc la confiance que vous accueillerez avec bienveillance la dédicace de cet opuscule, dans lequel, après avoir résumé les divers moyens de conservation indiqués par les hommes spéciaux, je fais connaître les bons résultats que j'ai obtenus en mettant en pratique l'un d'entr'eux, celui des fossés horizontaux, par lequel j'ai pu retenir et féconder le peu de terre qui restait sur mes collines de Miraval, en faisant absorber sur place les eaux qui, non retenues, entraînaient non seulement l'humus des terrains en pente, mais encore inondaient les terres inférieures.

Cet écrit n'était pas destiné à la publicité. C'est un bien modeste compte-rendu qui m'avait été demandé par la Société d'agriculture du Var. Mais j'ai pensé que le fait des inondations, qui désolent en ce moment une partie de la France, en fesait une actualité, et rendrait peut-être utile sa publication.

Divers organes de la presse se sont vivement préoccupés de cette situation. — La Gazette de France entr'autres, vient de publier sous la signature de M. de Lourdoueix, un article remarquable dans lequel elle recommande l'emploi des fossés horizontaux et sollicite avec instance l'intervention du gouvernement.

Or, c'est précisément de l'application de ce système hydrologique, déjà connu par les écrits de MM. E. Chevandier, de Saint-Venant, de Roquelaure et autres, dont il est question dans l'opuscule que je prends la liberté de vous dédier.

Mais que peuvent les théories, quelque bonnes qu'elles soient et l'exemple de quelques agriculteurs obscurs contre une situation si généralement désastreuse : — C'est ici évidemment une question d'intérêt public, comme vous l'avez dit très-justement dans le premier rapport annuel que vous avez adressé au Conseil général de ce département.

Et cette question, comme toutes celles qui ont un caractère d'utilité publique, ne pourra jamais être résolue d'une manière radicale sans le concours du Gouvernement.

L'intervention de l'État est donc indispensable.

C'est d'ailleurs, vous l'avez dit dans le même rapport, une vérité qui n'est pas contestée, mais qui n'a pas passé dans les faits.

Aujourd'hui, il faut le reconnaître, le moment d'agir est venu — et d'agir promptement, vigoureusement — car dans quelques années il sera peut-être trop tard.

C'est à vous, Monsieur le Préfet, qu'il appartient de plaider cette cause auprès du gouvernement de l'Empereur — et nous ne saurions avoir pour notre département un meilleur avocat.

Je suis avec une respectueuse considération.

Monsieur le Préfet,

Votre très-humble serviteur,

LAMBOT-MIRAVAL.

CONSIDÉRATIONS PRÉLIMINAIRES.

BUT DE CET OPUSCULE.

> Les eaux des pluies, qui devraient fertiliser le sol et qui ne produiraient que des effets bienfaisants, si l'homme était toujours attentif à les diriger et à les employer conformément à leur destination évidente, amènent au contraire, des dommages et des désastres, lorsqu'il les abandonne à elles-mêmes sur la surface d'un pays qu'il a défriché et cultivé. — Elles frappent de stérilité les terrains en pente en balayant leurs engrais et même toute leur couche végétale. Elle les déchirent profondément en se concentrant dans les plis du sol où elles creusent des ravins et des torrents dans lesquels s'accroît l'impétuosité de leur descente. — Elles entraînent des monceaux de graviers et de tufs sur les cultures des plaines et jusque dans les lits des rivières, qui, encombrées et gênées dans leurs cours, divaguent sans règle, ravagent leurs rives et engloutissent les héritages qui les bordent; enfin, par leur affluence rapide et abondante dans les vallées, elles engendrent ces crues et ces inondations subites qui désolent des pays entiers et qui menacent de devenir de plus en plus funestes à mesure que les cultivateurs demandent aux sols inclinés les fruits qu'ils peuvent, après tout, porter comme les autres.
>
> *Mémoire sur la déviation des eaux pluviales par M. de St. Venant. — 1ᵉʳ Mémoire 1846.*

Il a été beaucoup écrit et de très-bonnes choses sur les moyens à employer pour remédier aux effets désastreux du déboisement et du dégazonnement des montagnes.

Depuis longtemps déjà, cette question, de si haute importance, a appelé la sollicitude des hommes les plus compétents : MM. de Surrel, de St-Venant, Polonceau, Chevandier, Pareto, Fabre, Lecrueulx, de Roquelaure, Blanqui et autres, ont publié à ce sujet des ouvrages fort remarquables, que nous ne saurions trop recommander aux personnes qui s'occupent d'améliorations agricoles et d'hydrologie.

Certes, les avertissements et les conseils n'ont pas manqué, et cependant la situation, loin de s'améliorer, s'aggrave tous les jours davantage.

En ce qui nous concerne, nous avons cherché à profiter de ces conseils et nous nous en félicitons

Nous avons pensé qu'il ne serait pas sans utilité de faire connaître les bons résultats que nous avons obtenus, et de publier les observations que nous ont suggérées l'étude et la mise en pratique des théories émises par nos maîtres en sylviculture et en hydraulique (1).

---

(1) DE SURREL. Etude sur les torrents des Hautes-Alpes.
DE St-VENANT. 1er mémoire 1846 — 2e mémoire 1848 sur la dérivation des eaux pluviales.
POLONCEAU Des eaux relatives à l'agriculture.
E. CHEVANDIER. Recherches sur l'influence de l'eau sur la végétation des forêts
PARETO Emploi de l'eau en agriculture.
FABRE. Essai sur la théorie des torrents et des rivières.
LECRUEULX. Recherches sur la formation des rivières et des torrents.
DE ROQUELAURE. Les inondations.

II.

CAUSES DES DÉBORDEMENTS DES FLEUVES

ET DES RIVIÈRES.

Les causes des débordements sont controversées, on les attribue :

1° Au déboisement et au dégazonnement occasionnés par les écobuages suivis de cultures sur les montagnes :

2° A la trop grande fréquence des troupeaux sur les mêmes lieux ;

3° Au dessèchement des marais ;

4° A l'empiètement du sol arable sur le sol forestier;

5° A l'exhaussement du lit des rivières par les
graviers :

6° Enfin, les grandes crues seraient arrêtées par
les immenses travaux d'art nécessités par les che-
mins de fer, lesquels bornant les vallées, font refluer
les eaux vers leurs sources.

Quant à nous, nous pensons que ce fléau provient
exclusivement de l'abus du paccage et des cultures
faites sans précaution sur les sols en pente. Les
autres causes ne nous paraissent y contribuer que
dans une bien faible mesure ou même y demeurer
tout à fait étrangères.

En effet, *le dessèchement des marais*, surtout de
ceux qui se trouvent sur le littoral (et c'est le plus
grand nombre) ne peut avoir aucune influence sur
les cours d'eau; ceux de l'intérieur qui se dessè-
chent ordinairement au moyen de puits absorbants
ne déversent même plus leur trop plein dans les rivières.

L'empiètement du sol arable sur le sol forestier,
ne peut être mis en avant; on sait que les cultures

en général, celles surtout qui exigent le défonce-
ment de la terre à une certaine profondeur, sont au
contraire efficaces pour arrêter ou pour faire infil-
trer les eaux pluviales dans le sol. Nous en trouvons
un exemple dans la plaine de *Carcès* (*Var*), où un
vallon qui grossissait par une forte pluie, est devenu
inoffensif depuis que la majeure partie de son
bassin de réception a été plantée en vignes.

*L'exhaussement du lit des rivières par les gra-
viers*, est un effet et non une cause.

L'obstacle mis à l'écoulement des eaux *par les
travaux d'arts*, n'est qu'un incident local.

Il paraît donc bien évident, que *les écobuages,
suivis de cultures sur les montagnes* (1), *et la trop
grande fréquence des troupeaux sur les mêmes lieux*,
sont les *seules causes* du déboisement et du dégazonnement, et cela, parce que les eaux pluviales
n'étant plus retenues par un revêtement végétal, ne
manquent pas d'entraîner avec elles la légère couche de terre existant encore sur quelques montagnes qui, elles-mêmes, seront bientôt complètement
dénudées.

(1) Appelés improprement défrichements dans le midi et, très à propos, *route*
en provençal

Nous en concluons, que le remède le plus prompt et le plus efficace, consiste dans l'établissement de *fossés horizontaux* dont nous parlerons plus loin, lesquels fossés, creusés sur les terrains en pente, retiennent les eaux, qui s'infiltrent ensuite dans le sous-sol, de manière, non-seulement à ne plus nuire, mais encore à produire des effets bienfaisants.

III.

CE QUI ARRIVERA SI ON NE FAIT RIEN.

Nos montagnes, déboisées et dégazonnées presque partout, dénudées de terre sur beaucoup de points et privées généralement, (par les écobuages et les cultures périodiques,) de cette couche de détritus végétaux, si favorable à l'infiltration des eaux du ciel, ne retiennent plus ce liquide bienfaisant, qui coule, transformé en torrents dévastateurs, pour aller plus loin faire déborder les rivières.

Ces eaux sont ainsi perdues pour l'agriculture ; bien plus, en ravageant tout sur leur passage, elles

entraînent les principes fécondants qui vont se perdre dans la mer.

L'action destructive des eaux sur les pentes, même
les moins inclinées, est loin d'être arrivée à son
terme. C'est avec raison que M. Deval, inspecteur
des eaux et forêts du Var, dit que : « les consé-
» quences du déboisement, paraissent suivre une
» marche tellement régulière et rapide à la fois,
» qu'il serait facile de calculer l'époque à laquelle
» telle ou telle partie *du Var* deviendra inhabitable.»

En effet, si nous n'y portons promptement remède, le temps viendra où les quelques oasis qui
nous restent subiront le même sort que les roches
décharnées des sommets des Alpes, où tout n'est
plus que désolation et cahos.

M. Blanqui, de l'Institut, a fait un tableau vrai
et touchant des maux qui affligent ces contrées et
leurs habitants.

Nous venons de citer la dénudation absolue du
sommet des Alpes, mais pour parler de quelque
chose à la connaissance de plus de monde dans
nos contrées, nous dirons : quel est l'habitant de la
Basse-Provence qui n'a été péniblement impres-
sionné à l'aspect de cette zône grisâtre, entièrement

dépourvue de végétation, qui longe le département du Var, de l'est à l'ouest, par dessus Aups et Grasse, et de ces roches nues qui environnent Marseille et Toulon, sur lesquelles nos vieillards ont vu de gras pâturages et de luxuriantes forêts.

A cette époque, le territoire de l'ancienne Phocée possédait d'abondantes sources qui depuis ont tari ou sont bien amoindries.

En ce qui concerne les montagnes, si complètement arides qui défendent Toulon, il n'est pas arrivé à notre connaissance que ce déboisement ait fait tarir des sources. Mais c'est présumable, car nous pourrions citer quelques localités moins maltraitées, où ce fait s'est produit. Au reste, on sait très-bien que les sources ne proviennent pas exclusivement de la présence des forêts et des pâturages sur les montagnes. Quelques cours d'eau doivent leur origine aux infiltrations d'un fleuve ou d'un lac, situé à un niveau plus élevé. D'autrefois la nature du terrain se prête à l'absorption de l'eau pluviale, quelque appauvri qu'il soit.

IV.

LE REBOISEMENT EST UN BON MOYEN DE DÉFENSE,

mais il n'est ni radical, ni actuel, et ne peut être profitable partout.

Il est bien reconnu que le reboisement augmente le produit des sources; M. Boussingault cite des exemples d'eaux pérennes que l'abattage d'une forêt avait fait tarir, et qui reparurent après son reboisement; la présence d'une forêt atténue en même temps l'action des vents, diminue l'évaporation, augmente la fraîcheur, le volume des eaux vives, et rend peut-être même les pluies plus fréquentes.

Il est évident aussi, que les bois, là où ils sont bien établis, forment sur le sol un solide revêtement; toutefois une jeune forêt n'est pas d'une efficacité absolue pour retenir les eaux pluviales et la terre sur un sol en pente, à moins qu'elle ne forme un fourré épais et enrichi de détritus, et que l'eau pluviale n'ait pas à descendre de plus de 200 mètres.

La superficie forestière, étendue indéfiniment, ne serait donc pas un moyen radical et surtout actuel ; il ne saurait aussi être rémunérateur partout; il ne le serait que suivant les besoins du pays, en ayant soin, néanmoins, de l'associer là où la chose est possible au gazonnement (1) qui est bien plus prompt et bien plus sûr que la prise de possession d'une forêt; d'un autre côté, boiser sans gazonner certains terrains difficilement accessibles, ne serait pas augmenter le peu de valeur qu'ils ont ; car les bois y pourriraient sur place faute de débouché, ou seraient brûlés pour les cendres, tandis que les troupeaux, que les pâturages nourrissent, se transportent eux-mêmes sur les marchés.

---

(1) **M.** Marguerite Desperel, sur sa terre de la Madeleine (Var), a prouvé ce que peuvent les soins et la persévérance à l'endroit du gazonnement des terrains escarpés.

V.

CE QU'IL Y A A FAIRE.

Description des nouveaux procédés de défense contre les eaux
pluviales, préférence à donner, dans le Midi, au système
des fossés horizontaux indiqué par M. E. Chevandier.

Divers systèmes, tous plus ou moins applicables suivant le climat, la localité et les moyens des propriétaires, peuvent suppléer à l'absence des forêts.

Le procédé de M. E. Chevandier, dont nous avons fait les premiers essais il y a quatre ans et que nous croyons convenir le mieux au midi de la France, consiste *à arrêter les ruisseaux et par suite les torrents, formés par les eaux pluviales, en les faisant absorber au sol au moyen de fossés horizontaux munis d'un déversoir à chacune de leurs extrémités.*

M. Polonceau se propose le même résultat, en établissant des barrages en terre gazonnée, avec pertuis, afin d'être mieux maître des eaux ; il fait aussi des fossés horizontaux, mais sans déversoirs. — Nous trouvons que ce système demande trop de précision et par suite trop de frais de main-d'œuvre, et qu'ensuite un déversement sur toute la ligne ne serait possible sans danger, que sur une terre bien gazonnée, circonstance au moins exceptionnelle dans le midi.

M. de Saint-Venant emploie plusieurs procédés ingénieux de barrages et batardeaux, pour arrêter les eaux pluviales dans les vallons ou ravins, d'où il les dérive dans des rigoles à faible pente, pour les faire absorber sur des terres *revêtues de végétation.*

Ces divers systèmes, en ayant soin de les approprier aux exigences de la localité, sont appelés à rendre à peu près les mêmes services, c'est-à-dire à

avoir pour résultat certain , *d'empêcher l'entraine-*
ment et *l'appauvrissement des terres* , et pour pro-
babilité de *créer des sources* , c'est-à-dire , jouer le
rôle qui était réservé à la nature avant l'époque de
la destruction des forêts et des pâturages.

En ce qui nous concerne , nous avons la ferme
conviction que dans le midi , où le sol est rarement
défendu par le gazon , et où l'expérience nous a
appris que l'eau zénithale suffit à elle seule pour
creuser des ravines sur les moindres pentes , surtout lorsqu'elles ont à descendre d'un peu loin, on
doit *arrêter, éteindre* et non *dériver ;* en effet, que
résulte-t-il le plus souvent lorsqu'on se borne à
dériver les eaux ? il en résulte , *que l'on a créé de*
nouvelles ravines à côté des anciennes , et que
l'on a déplacé le mal sans le détruire.

Ce sont ces considérations qui nous ont fait
adopter le système de M. Chevandier ; système d'une
application facile et qui nous a donné d'excellents
résultats dont nous parlerons plus loin.

D'après les préceptes des auteurs précités, ce
qu'il y aurait à faire pour conserver la terre qui
reste sur les montagnes et par suite nos forêts et
nos sources , se résume en ceci : *établir des bar-*

rages, là où la localité s'y prête, et des fossés partout.

Les barrages peuvent être envisagés sous deux points de vue différents et aussi essentiels l'un que l'autre :

1° Celui d'arrêter les eaux pluviales par rapport aux inondations.

2° D'emmagasiner les dites eaux pour les faire servir aux irrigations des terres. Il serait surtout avantageux de les construire au bas des montagnes dénudées, sur lesquelles les fossés n'ont plus rien à faire, et rétablir en quelque sorte l'équilibre, en faisant produire à la plaine une surabondance de fourrages que la hauteur ne peut plus fournir (1).

Mais les barrages nécessitant presque toujours des dépenses considérables, ne peuvent être entrepris que par l'état ou par des compagnies.

Les fossés sont au contraire à la portée de tout le monde.

M. E. Chevandier les établit chez lui, dans les *Vosges*, à raison de 40 francs par hectare.

____

(1) Nous engageons nos lecteurs à consulter à ce sujet les mémoires de Caréna sur ses belles expériences dans le Piémont, et de Joubert de Parra sur les irrigations en Italie.

M. Polonceau ne dépenserait que 30 francs pour une égale superficie, mais il avoue qu'il ne retient que la moitié des eaux.

Dans le Var nous croyons qu'on peut creuser des fossés de 1^m,50 de large sur 0^m,75 de profondeur, à raison de 0,15 cent. le mètre courant soit 60 fr. par hectare. Ces excavations, suivant l'inclinaison du terrain, peuvent contenir plusieurs mètres cubes d'eau par chaque mètre de long (voir la planche figures 1.)

On sait qu'il tombe au plus une épaisseur de 0^m.25 cent. d'eau par les plus fortes pluies, il sera donc indispensable de calculer le nombre et la profondeur des fossés, de manière à ce qu'ils puissent recevoir tout ce liquide; il sera indispensable aussi, de munir les dits fossés d'un large déversoir à chacune de leurs extrémités, pour les cas extraordinaires, en ayant soin de les pratiquer en terre ferme; sans cette précaution, la terre meuble de la berge serait entraînée. Sur les pentes déclives, là où la terre ne pourrait tenir, nous faisons, au lieu de fossés, de petites rigoles en pente douce qui dirigent les eaux sur des points moins escarpés.

Le nombre des fossés sera, en moyenne, de quatre

par hectare, donnant lieu à un déboursé d'environ 60 fr. pour cette surface.

C'est une forte dépense, nous n'en disconvenons pas, mais elle paraîtra de peu d'importance, relativement, si on considère l'amélioration notable qui en résultera.

Qu'il nous soit permis de citer ici un fait qui nous est personnel : certaines parcelles de notre propriété, qui étaient fréquemment lavées par les eaux pluviales et dont le produit était, par ce fait, presque nul, sont devenues d'une excellente qualité lorsqu'elles ont été préservées du ravinage par l'installation de quelques fossés.

Si donc, avec 60 fr. on peut transformer ainsi un hectare de terrain, il est évident que la dépense nécessitée par l'établissement des fossés se trouve amplement compensée par les résultats obtenus ; et si quelqu'un voulait mettre ces résultats en doute, il ne pourrait refuser de convenir qu'une terre ainsi disposée, si elle ne gagne rien, ne peut plus rien perdre ; il y a donc conservation ; c'est au moins quelque chose.

Il est bien entendu que les fossés devront être installés avec discernement, le choix des emplacements et la bonne confection des berges, sont des conditions essentielles qui ont une grande influence sur les effets qu'il s'agit d'obtenir.

Lorsqu'on voudra opérer', on devra avoir soin, après avoir étudié les bassins, les pentes et les plis du terrain, de toujours commencer par le haut et s'il y a lieu donner une légère inclinaison dans l'intérieur des fossés, du côté où l'on jugera avantageux de faire absorber le plus d'eau. Nous profitons volontiers pour cela d'un pli ou d'un enfoncement du terrain qui s'y prête et, pour le trop plein, d'une fissure (1) ou perdant, comme on en rencontre beaucoup sur nos collines.

Il est indispensable, pour cette opération, d'avoir recours au niveau ou mieux encore à l'alidade, dont la longue vue évite de faire trop de stations.

(1) *Guarragaï* en Provençal.

VI.

RÉSULTATS CERTAINS ET PROBABLES.

En se pénétrant bien de ce qui précède, il sera facile de se convaincre :

1° Qu'il ne pourra plus y avoir de torrents, et que les cours d'eau ne pourront que gagner au nouveau régime auquel ils seront soumis. En effet, étant admis qu'il tombe de l'atmosphère une épaisseur de $0^m,60$ d'eau dans l'année et que sur cette quantité $0^m,25$ tout au plus soient absorbés par la terre, et qu'actuellement ces $0^m,25$ soient suffisants pour entretenir, tant bien que mal, les eaux pérennes, il est évident que si, avec quelques soins, l'on parvient à faire absorber au sol le double de ce qu'il s'approprie ordinairement, non-seulement les sources existantes augmenteront, mais encore il pourra en sourdre de nouvelles;

2° Que toute pluie d'orage qui ne sera pas accompagnée de grêle, deviendra un bienfait au lieu d'être dommageable ;

3° Dans les bois, l'eau qui séjournera dans les fossés entretiendra la fraîcheur au moins sur les bords, dont la terre ameublie deviendra d'autant plus apte à recevoir les semences forestières et fourragères ;

4° Les cultures ne seront plus appauvries, lavées par les eaux torrentielles, au contraire, elles seront fertilisées par les principes fécondants que contient l'eau de pluie;

5° Les écobuages et les cultures périodiques (défrichements) deviendront possibles sur les montagnes;

6° En pouvant disposer d'une masse d'eau beaucoup plus considérable, il sera possible aussi d'assainir bien des marais en les entretenant pleins; on sait en effet qu'ils ne produisent d'exhalaisons méphitiques que lorsque leur vase est à découvert, cela est tellement vrai, que les sols paludiens sont, pour nombre d'années, souvent plus malsains que les eaux qui les recouvraient. Nous croyons donc, qu'il serait plus profitable d'empoissonner certains marais que de les conquérir à l'agriculture;

7° Il est certain aussi, qu'un système complet de fossés, bâtardeaux, barrages (le tout en travaux de terrassement peu dispendieux) *qui attaquerait l'hydre à sa naissance*, coûterait moins à la longue, que les secours accordés tous les ans aux inondés et que l'entretien, l'exhaussement et l'érection de nouvelles digues toujours plus fortes, plus coûteuses et toujours insuffisantes.

Bien plus encore, certains travaux d'arts n'auraient plus leur raison d'être, et d'autres, non encore construits, pourraient être épargnés. En voici un exemple pris dans l'infiniment petit : Un pont du coût de 4,000 fr., vient d'être construit sur la route de Brignoles à Barjols, pour franchir un torrent, dont notre terre de *Miraval* est le principal tributaire; nous estimons que le double de cette somme eût suffi pour éteindre le dit torrent. Si donc le département eût distribué 4,000 fr. aux propriétaires intéressés à retenir les eaux et *l'humus* de leurs terres, ceux-ci, quelqu'obstinés qu'ils fussent, n'auraient pas résisté à un aussi puissant stimulant et l'administration, en ne faisant qu'un ponceau insignifiant, c'est-à-dire, en ne dépensant pas davantage, eût fait une œuvre excellente sous les rapports déjà énumérés. Nous traiterons cette question plus amplement dans un autre chapitre, sous le titre de : *Nécessité de l'intervention de l'Etat.*

Les revêtements végétaux : bois, gazons, plantations; les travaux de terrassement, tels que fossés horizontaux ou légèrement inclinés, accumulation de broussailles, de pierres que l'on peut échelonner pour ainsi dire sans frais sur le cours d'un ravin, sont autant de bons moyens pour *entraver* l'arrivée des eaux dans les rivières.

Nous répéterons avec M. de St-Venant, à l'obligeance de qui nous devons en particulier d'excellentes communications : « que dans un pays mon-
» tueux ainsi préparé, le volume des basses-eaux
» des rivières se trouvera seul augmenté par suite
» d'une alimentation plus abondante des réservoirs
» souterrains d'où elles surgissent; mais elles n'au-
» ront plus ni fortes crues, ni atterrissements, et

» leur régime deviendra régulier. Et que la prati-
» que des préceptes des différents auteurs qui
» ont écrit sur la matière conduira naturellement à
» mieux faire encore et de préparer ainsi un état plus
» avancé où l'usage de l'irrigation deviendra géné-
» ral et où pas une goûte d'eau n'ira se perdre à la
» mer sans avoir préalablement fécondé la végéta-
» tion et bonifié la terre. »

Liebig affirme que la pluie qui tombe sur un champ pourrait, si elle était bien retenue, fournir par le carbonne d'ammoniaque, qu'elle a pris à l'air où il est suspendu, tout l'azote nécessaire à une riche végétation; l'eau de pluie contenant aussi plus d'air que l'eau de source doit avoir plus d'effet par cela seul.

· Personnellement nous avons acquis la certitude, qu'une terre en pente lavée et entraînée par les eaux pluviales et d'un rendement plus que médiocre peut, au moyen de quelques travaux tendant à faire ab-sorber l'eau sur place, être assimilée à un bien fond de bonne qualité, en un mot, changer d'aspect, et ce, avec une dépense qui varie de 60 à 100 fr. par hectare, suivant qu'on leur associe le drainage qui en est souvent un bon complément. C'est ce que nous avons fait, lorsque nous l'avons jugé opportun.

Un fait bien digne de remarque , c'est que , par une coïncidence très-heureuse, les moyens les plus sûrs et les plus efficaces pour remédier au débordement des rivières sont en même temps les meilleurs pour étendre et généraliser les bienfaits de l'irrigation.

VII.

DU DRAINAGE PAR RAPPORT AUX FOSSÉS.

Nous avons dit plus haut que le drainage s'asso-
ciait parfaitement aux fossés horizontaux, ce n'est
donc pas sortir de notre sujet que d'en parler et de
prendre un peu la défense de celui que pratiquaient
nos aïeux surtout au point de vue de nos travaux et
du pays que nous habitons.

Disons tout d'abord que nous ne prétendons pas
critiquer le nouveau système, nous l'envions au
contraire, et nous le plaçons volontiers au nombre

des meilleures découvertes modernes ; mais chaque manière de procéder doit avoir sa place marquée.

Si nous avons à drainer un sol jonché de pierres, il sera visiblement plus avantageux de se servir, pour la confection des drains, des matériaux que nous avons sur place, que de les transporter ailleurs à grand frais et d'aller acheter des tuyaux au loin ; sans compter que les dits tuyaux placés au milieu de nos plantations, pourraient bien être obstrués dans peu de temps par les racines (queues de renard).

Autre chose est si l'on a à opérer sur d'anciens marais où les pierres sont rares et où, non-seulement les tuyaux peuvent être posés à peu de frais dans une tranchée ouverte à la charrue, mais encore si comme dans certains districts d'Angleterre *ils peuvent être entraînés directement dans le sous-sol par la charrue taupe, sans soulèvement de terre !*

Avec nos fossés les drains transversaux sont déjà tout ouverts, il ne s'agit que de disposer à très-peu de frais dans leurs fonds, des pierres dont on est très-heureux de pouvoir se débarrasser à si bon compte ; il ne reste que les drains longitudinaux à faire. Nous avons drainé trois hectares de cette manière sans trop nous apercevoir d'un surcroît de dépense.

VIII.

LES FOSSÉS ENVISAGÉS SOUS LE POINT DE VUE DE SE

PROCURER DE L'EAU JAILLISSANTE.

L'étude des divers systèmes que nous venons d'a-
nalyser nous a confirmé un fait que nous avait
fait pressentir l'apparition spontanée d'un filet d'eau
au bas d'un bassin récemment planté en vignes.
En réfléchissant sur ce fait extraordinaire à priori,
nous avons pensé que l'eau pluviale, qui glissait
jadis sur un sol en friche et par conséquent peu
perméable, a été arrêtée par les nombreuses tran-

chées de la plantation, creusées dans le sens trans-
versal aux pentes, sur une superficie de quatre hectares formant vallée, et que ces eaux emprisonnées
dans les dites tranchées ou fossés pleins de terre
ameublie qui laissait par conséquent des vides, se
sont infiltrées, ou pour mieux dire tamisées, d'une
rangée de vigne à l'autre jusqu'à la dernière où elles
ont trouvé issue.

Ces eaux n'ont été qu'hivernales, elles auraient
sans doute persisté au moyen de quelques travaux,
mais comme elles n'auraient profité qu'à nos voisins
et qu'il nous aurait fallu déranger notre plantation,
nous avons préféré opérer sur d'autres points.

Nous avons poursuivi et atteint un double but, en
mettant notre petit lac hors des irruptions d'un torrent qui n'aurait pas tardé à le combler. Là, avec un
développement de 1200 mètres de fossés et une dépense de 200 fr., nous avons éteint absolument le-
dit torrent, qui, par les fortes averses débitait jusqu'à
un demi mètre cube d'eau par seconde et entraînait
avec lui force gravier et limon. Non seulement notre
lac ne recevra plus désormais que de l'eau limpide;
mais encore un ancien drain, situé au bas du bassin,
qui ne coulait que pendant l'hiver coule constam-

ment depuis trois ans et contribue à entretenir notre pièce d'eau à son niveau, ce à quoi nous n'avions encore pu parvenir en été.

Donc, si indépendamment des autres avantages précités, l'on tient plus particulièrement à augmenter le volume des eaux pérennes, il sera toujours à pro-pros d'opérer sur le bassin d'une source, ou tout au moins sur un exutoire hivernal, parce que là le sol offre déjà les conditions voulues tandis qu'ailleurs les chances sont seulement aléatoires.

En général les sources hivernales durent de no-vembre en juin; quelquefois, si l'année a été plu-vieuse, elles persistent plus longtemps; nous en con-naissons, tout près de chez nous, dans la commune de Châteauvert, qui durent même plusieurs années et qui sont d'une intermittence qui doit nécessaire-ment coïncider avec les années pluvieuses ou sèches. Elles ont duré jusqu'à six ans et ont ensuite tari pen-dant deux pour reparaître et cesser encore.

Ne peut-on pas de ceci déduire cette conclusion: que sur ce point le sol est disposé à fournir de l'eau constante, mais qu'il lui manque quelque chose comme insuffisance de réservoirs souterrains ou trop grande perméabilité des couches qui ne sont pas as-sez économes des eaux qu'elles filtrent.

Pour ce qui a rapport à la perméablité, il serait sinon impossible du moins bien difficile et bien coûteux d'y remédier autrement qu'en *tenant les filtres pleins* pendant le plus longtemps possible, c'est-à-dire, en venant en aide à la nature, en retenant sur le bassin de réception dudit exutoire, non seulement toutes ses eaux zénithales, mais encore de lui en faire arriver des bassins voisins. Mais alors il serait nécessaire de faire des fossés plus profonds, dont les berges seraient toujours horizontales, et dont le fond serait creusé en pente selon le pli du terrain, de manière à former un angle optus qui serait rempli de cailloux (voir la figure 2). L'eau retenue dans les interstices échapperait ainsi à l'évaporation.

Nous mettons hors de doute, et ceux qui voudront bien étudier la question le comprendront aussi, qu'avec de pareils moyens on peut espérer d'augmenter l'étiage des sources et des rivières, et même de créer des cours d'eau importants. Nous pouvons citer à l'appui le résultat concluant que nous avons obtenu à l'endroit de notre lac.

Ce n'était d'ailleurs pas sans raison que quelques hommes compétents, avaient conçu l'heureuse idée de doter la ville de Marseille d'abondantes eaux au moyen d'une série de barrages, semblables à celui du Thoronnet d'Aix qui fonctionne depuis un temps immémorial.

Le Barrage Zolla, en voie d'achèvement en amont de celui du Thoronnet et celui de M. de Beauregard à Hyères, viendront bientôt donner raison à ce système. En effet, pourquoi ne ferait-on pas quelques mètres plus haut ce qu'on a fait plus bas, pourquoi aussi serait-on moins privilégié en Provence qu'en Espagne, en Italie ou en Arabie?

IX.

RÉPONSE AUX OBJECTIONS.

Nous pouvons avancer, sans crainte d'être dé—
menti, que nos travaux ont eu la sanction de toutes
les personnes qui les ont visités. Elles ont pu, s'il
nous est permis de nous exprimer ainsi, toucher du
doigt les avantages inespérés que nous avons obtenus en peu d'années. Voici toutefois les objections
qui nous ont été adressées :

1° Vos fossés ou talus résisteront-ils aux intem-
péries?

2° Ne sont-ils pas trop dispendieux ?

3° Leur entretien n'est-il pas trop coûteux ?

4° Ne procureront-ils pas trop d'humidité ?

Nos réponses sont faciles : ils résisteront, puisqu'ils ont résisté à l'hiver de 1855-56 si désastreux par ses pluies aussi fréquentes que torrentielles, alors qu'ils n'étaient pas encore gazonnés, ils résisteront bien mieux encore lorqu'ils seront revêtus de végétation ; s'il y a quelque danger, c'est au commencement, avant le tassement des terres ; mais les chances défavorables sont bien faibles, puisque sur un développement de 6,000 mètres de fossés que nous avons exécutés en toutes saisons, nous n'avons qu'un seul accident à signaler, qui a été réparé moyennant une dépense de *un franc* et tout a été dit.

Ils ne sont pas trop dispendieux, tout le monde peut s'en assurer, il n'en coûte comme nous l'avons dit, que 60 fr. par hectare, bien plus, nous prouverons plus bas qu'il y a souvent économie à en user.

Leur entretien n'est pas couteux; il suffit d'enlever tous les deux ans à la pelle *le limon, qu'ils auront retenu* et de le jeter sur les bords, où il ravivera la végétation.

Dans beaucoup de cas, l'emploi des fossés devient économique en ce qu'ils remplacent les murs de soutènement qui sont ordinairement le repaire des limaces et des animaux rongeurs si pernicieux aux récoltes, sans compter qu'il est aussi difficile de prévenir que d'arrêter le développement des végétaux ligneux qui prennent si facilement possession des dits murs.

Une terre de trois hectares que nous venons de rendre à la culture, était redevenue ce qu'elle était autrefois, c'est-à-dire un ravin ; — dix murs en pierres sèches l'avaient soutenue, — la reconstruction de ces murs nous aurait coûté 1,000 fr. ; — les fossés et les talus qui les ont avantageusement remplacés, ne nous sont revenus qu'à 250 francs ; — nous avons de plus de la verdure et du fourrage sur les dits talus dans lesquels les petits quadrupèdes, les mollusques et les testacés ne trouveront plus asile et sur lesquels il sera facile de détruire les arbres et les ronces qui s'y implantent si facilement.

Ils peuvent procurer quelquefois un excès d'humidité, nous le reconnaissons ; mais alors on leur associe le drainage dans ce cas, et le drainage ne peut être considéré comme un surcroît de dépenses, car sur ces points à sous-sol imperméable cette utile opération serait indiquée quand même.

X.

NÉCESSITÉ DE L'INTERVENTION DE L'ÉTAT.

Nous ne saurions nous dissimuler qu'un propriétaire qui opérera chez lui et pour lui, travaillera aussi pour les héritages dominés par sa terre.

C'est ce qui nous est arrivé ; nous n'avons presque rien fait encore, et déjà des sources en aval de notre terre se sont, de l'aveu des parties intéressées, bien améliorées.

Ceci nous mène naturellement à invoquer l'intervention de l'État, et ce n'est pas une idée qui nous soit propre ; elle a été émise depuis long-

temps déjà par les hommes les plus compétents.
M. Mercier-Lacombe, préfet du Var, dont la parole
a certainement beaucoup d'autorité en pareille matière, a exprimé la même pensée dans un rapport
adressé au Conseil général (session de 1853.)

Nous lisons dans ce rapport :

« On peut dire d'une manière générale que tout
» ce qui concerne les forêts est *d'utilité publique*.
» Aussi est-ce une idée très-juste que d'affirmer,
» comme le fait M. l'inspecteur Deval, que l'*État*
» *devrait pouvoir se mettre au lieu et place* des
» particuliers qui ne veulent ou ne peuvent pas
» entretenir, améliorer leurs forêts, reboiser cer-
» tains terrains en pente.

» Quand cette vérité, qui n'est pas contestée mais
» qui n'a pas passé dans les faits, sera devenue pra-
» tique, le département du Var fixera sous ce rap-
» port l'attention du gouvernement et ne reculera
» pas devant des dépenses considérables pour amé-
» liorer une situation qui, en s'aggravant, entraîne
» avec elle la ruine du sol et finirait par tarir les
» sources de la production. »

Si donc le gouvernement, dans sa sollicitude éclairée, prenait l'initiative en opérant sur ses forêts et sur

celles des communes et s'il encourageait les particuliers, nul doute que l'aspect du territoire de la
France ne fût changé dans peu de temps.

Mais, pour cela il faudrait, ainsi que l'ont demandé
tous ceux qui se sont occupés des intérêts de l'agriculture, qu'il fût créé un ministère spécial d'agriculture avec des fonds suffisants pour entreprendre
de grands travaux publics agricoles, réclamés depuis
des siècles par l'industrie des champs, cette mère
nourrice, pour laquelle, à part quelques faits iso-
lés, il n'a encore rien été tenté de sérieux en
France.

Ce n'est qu'alors que l'on pourrait aborder fran-
chement et sans entraves, certaines mesures que les
économistes sollicitent en vain avec un zèle digne
d'un meilleur succès.

Nos fossés, chose si infime en apparence, récel-
lent plus d'une idée féconde et capable de provoquer
de sérieuses réflexions chez les amis de l'humanité.

Nous espérons qu'une plume exercée reprendra,
en les récapitulant, les travaux de nos prédécesseurs
et en fera ressortir avec éclat ce que nous ne faisons
qu'indiquer.

Que n'y a-t-il pas à dire sur le fléau des inondations et sur le développement indéfini de la richesse territoriale qui pourra seule ramener les capitalistes et les bras vers l'agriculture, vers la terre ce point d'appui universel.

Il est hors de doute que les ouvriers terrrassiers manquent en France, alors que les autres excèdent les besoins. Si on en cherche la cause on la trouve en ce que les travaux industriels, surtout ceux du luxe, sont beaucoup mieux rétribués et moins pénibles.

Les gouvernements ne se sont pas assez préoccupés des deux graves questions que voici : *que deviendra l'agriculture lorsque les bras lui feront absolument défaut? et où nous mènera le développement indéfini du luxe?*

Il est reconnu que dans le nord de la France, l'on ne saurait entreprendre de grands travaux, sans l'aide des ouvriers belges et dans le midi sans celui des Piémontais.

Dans la Basse-Provence aussi, il nous serait impossible de faire nos cultures sans le secours des montagnards, *qui ne trouvant plus rien à cultiver sur leurs roches nues,* viennent, fort à propos, nous offrir leurs bras. Ils nous suffisent pour le

moment, alors que nous ne donnons que des de-
mi-façons à nos terres ; mais lorsque le jour
viendra où chaque ferme voudra se munir d'un
personnel nécessaire, où ira-t-on le recruter ? Notons bien qu'ici avec nos natures de cultures nous
n'avons rien ou peu à espérer des instruments per-
fectionnés.

Nous venons de dire que le gouvernement ne
se préoccupe pas assez de ces grandes questions; nous
devons reconnaître cependant que dans notre département, son représentant, M. le préfet Mercier-
Lacombe, s'est vivement ému de la situation que
nous déplorons.

Le passage suivant du rapport qu'il a adressé au
Conseil général dans la session de 1853 et sa constante sollicitude pour les intérêts de l'agriculture en
témoignent hautement :

« Depuis un demi-siècle, un fait considérable
» s'est produit : l'industrie a pris un essor in-
» croyable.

» Par une loi analogue à la progression géomé-
» trique, cet essor se déploie et prend chaque jour
» des proportions qui confondent l'imagination. Où
» s'arrêtera ce mouvement ? — Dieu mettrat-il un

» terme à l'audace de l'esprit humain, et lui dira-t-il,
» comme autrefois à l'Océan : *tu n'iras pas plus loin?*

» Ou sa toute puissance prépare-t-elle à ce globe
» une phase nouvelle, différente de celle dont l'his—
» toire a conservé le souvenir?

» Je ne sais, mais le vol qui emporte l'humanité est
» si rapide, qu'il ne paraît pas pouvoir se continuer
» longtemps, sans amener des changements essen-
» tiels dans les conditions de l'existence.

» Pendant que l'industrie se développe à ce point
» qu'elle semble préparer de nouvelles destinées au
» monde, un mouvement de progrès, non pas analo-
» gue, mais seulement sensible, se manifeste-t-il dans
» les moyens de pourvoir à l'alimentation des hom—
» mes? Non, malheureusement.

» Le progrès agricole reste complètement en ar-
» rière du progrès industriel. Et comment en serait-il
» autrement ? la terre continue à supporter les plus
» lourdes charges, alors que la fortune a changé de
» face et s'est faite industrielle d'agricole qu'elle
» était auparavant.

» Qui ne voit où un pareil état de choses nous
» conduit? l'agriculture offre trop peu d'avantages,
» pour retenir les bras qui lui sont nécessaires, en

» présence de l'industrie qui les réclame et les paie
» plus cher. Dépeuplement des campagnes, aux pro-
» fit des autres industries, voilà donc la triste consé-
» quence de cette situation.

» Comment en conjurer les effets, sinon par des
» encouragements sérieux à l'agriculture?

» Telle est la pensée du prince qui, dès 1850
» au milieu d'une situation financière compliquée, a
» su faire bénéficier l'impôt foncier d'un allègement
» de 27 millions.

» Associez-vous à cette pensée, Messieurs, en
» émettant le vœu que l'agriculture soit l'objet des fa-
» veurs toutes spéciales du gouvernement, et que tous
» les encouragemens, compatibles avec la situation
» de nos finances lui soient prodigués. »

Nous n'avons rien à ajouter à ces paroles élo-
quentes de M. le Préfet du Var.

Nous ne pouvons que joindre nos vœux aux siens
pour qu'il soit pris, dans l'intérêt de l'agriculture,
une de ces grandes mesures que le gouvernement
de l'Empereur a toujours su prescrire lorsque les
circonstances l'ont commandé.

Toulon. — Imp. d'E. AUREL, rue de l'Arsenal, 13.

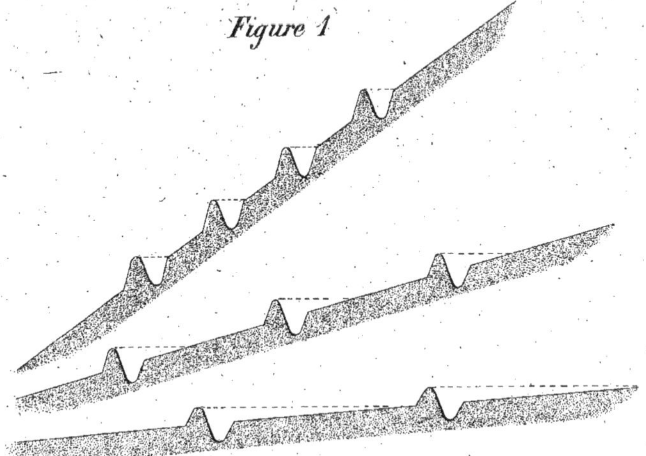

Figure 1

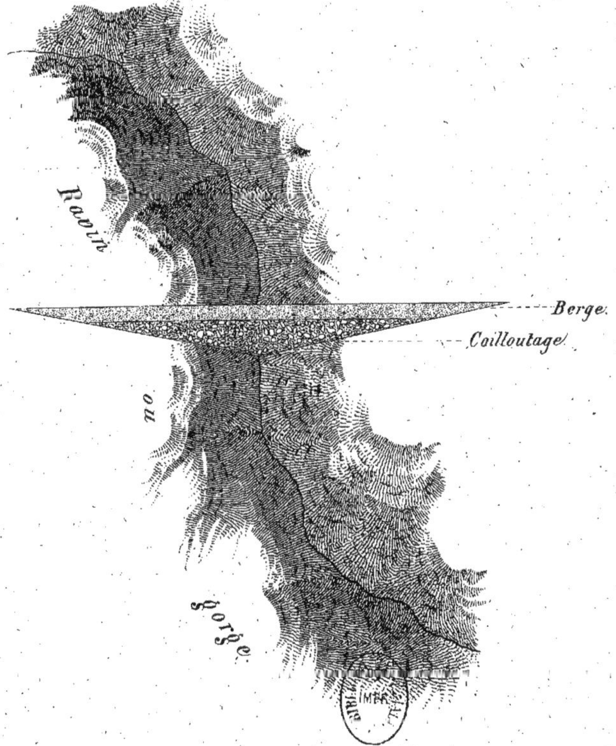

Figure 2

Lith. d'E. Aurel, à Toulon.

SOMMAIRE.

www.ingramcontent.com/pod-product-compliance
Ingram Content Group UK Ltd.
Pitfield, Milton Keynes, MK11 3LW, UK
UKHW022209070726
13613UKWH00004B/1553